小猛犸童书

[日]木村裕一 梁平 智慧鸟 著 [日]木村裕一 智慧

U0173102

看!神探仙鼠智破奇案

数学大侦探

2

惊奇
古堡

电子工业出版社
Publishing House of Electronics Industry
北京·BEIJING

未经许可，不得以任何方式复制或抄袭本书之部分或全部内容。
版权所有，侵权必究。

图书在版编目（CIP）数据

数学大侦探. 惊奇古堡 /（日）木村裕一，梁平，智慧鸟著 ;（日）木村裕一，智慧鸟绘 ;（日）
阿惠，智慧鸟译. -- 北京：电子工业出版社，2024.3
ISBN 978-7-121-47283-1

Ⅰ. ①数… Ⅱ. ①木… ②梁… ③智… ④阿… Ⅲ. ①数学 - 少儿读物 Ⅳ. ①O1-49

中国国家版本馆CIP数据核字（2024）第038076号

责任编辑： 赵 妍 季 萌
印　　刷： 北京宝隆世纪印刷有限公司
装　　订： 北京宝隆世纪印刷有限公司
出版发行： 电子工业出版社
　　　　　 北京市海淀区万寿路173信箱 邮编：100036
开　　本： 889×1194 1/16 印张：31.5 字数：380.1千字
版　　次： 2024年3月第1版
印　　次： 2024年3月第1次印刷
定　　价： 180.00元（全6册）

凡所购买电子工业出版社图书有缺损问题，请向购买书店调换。若书店售缺，请与本社
发行部联系，联系及邮购电话：（010）88254888，88258888。
质量投诉请发邮件至zlts@phei.com.cn，盗版侵权举报请发邮件至dbqq@phei.com.cn。
本书咨询联系方式：（010）88254161转1860，jimeng@phei.com.cn。

前言

　　这套书里藏着一个神奇的童话世界。在这里，有一个叫作十角城的地方，城中住着一位名叫仙鼠先生的侦探作家。仙鼠先生看似糊涂随性，实则博学多才，最喜欢破解各种难题。他还有一位可爱的小助手花生。他们时常利用各种数学知识，破解一个又一个奇怪的案件。这些案件看似神秘，其实都是隐藏在日常生活中的数学问题。通过读这些故事，孩子们不仅能够了解数学知识，还能够培养观察能力、逻辑思维和创造力。我们相信，这些有趣的故事一定能够激发孩子们的阅读兴趣。让我们一起跟随仙鼠先生和花生的脚步，探索神秘的十角城吧！

"救命啊！谁能救救我！"

轰隆隆！求救声很快就被雷电吞没了，雷声追逐着闪电，在浓厚的云层中此起彼伏。

转瞬即逝的电光中，高耸在山巅的城堡顶端出现了一个身影，他不断躲闪，却始终无法摆脱身后几团蓝色的"鬼火"。

走投无路的身影犹豫了片刻，从城墙顶端一跃而下，消失在了浓浓的夜色中……

"那件怪事发生在 30 年前，位于十角城外的玫瑰古堡忽然爆发了一连串可怕的事件。

"据说，城堡内的居民不断遇上各种恐怖的怪事，有人说自己看到了祖先的幽灵，有人说自己看到了可怕的怪兽，总之闹得人心惶惶，就连从十角城赶来寻找真相的名侦探也被幽灵吓得跳下古堡的高墙，跌落护城河后生死不明，就这样失踪了。

"从那时起，就再也没人敢住在这里了。玫瑰古堡的真正名字也被人慢慢忘记，只留下无数'幽灵古堡'的怪谈……"

蛋糕夫人讲述的故事让花生心里萌发了不好的预感。

为什么我们要去这么可怕的地方？

蛋糕夫人一边爬着山路，一边回答花生："传说古堡中藏着巨大的宝藏，我收到邀请，要为开启藏宝图的庆典准备甜点。"

"充满了悬疑色彩的古堡，神秘而古老的宝藏，我的创作灵感需要这样的环境。"

能说出这么"没大脑"的话的，当然只有仙鼠先生了。

虽然山路十分陡峭，但他还是健步如飞地走在最前面。

关于蛋糕夫人的故事详见《极速追击》。

"拜托，你明明就是为了躲避债务，才死皮赖脸跟着蛋糕夫人来的。"背着行李的花生累得满头大汗，就差双手撑地爬行前进了。

我……我要加工资，加300……不……我要求加500元……

……从此以后，幽灵古堡山庄就成了一片被遗忘的废墟。据说在附近的山上，天色晚了之后，还能看到已经死去的村民在那里游荡……

啊？死去的村民……游荡……等等我啊！

就像在呼应花生一样，忽然有
一群人惊叫着从仙鼠他们身边冲过，
向着相反的方向逃走了。

真是一群怪人！

啊啊——

就要到了，传说中的幽灵古堡山庄就是那里。

就在大家松了口气的时候，可怕的一幕发生了！昏暗的暮色中，忽然凭空冒出了一团团青幽幽的火球，诡异地飘在空中，向他们飘了过来！花生一下子就被这种传说中幽灵化  身的火焰吓傻了，难怪刚才有那么多人逃走呢！

鬼……鬼火！

"一、二、三、四……十。"花生伸出手指数着越来越近的蓝色火焰，哀号起来，"鬼……鬼火大人！你们有十个伙伴，我们却只有三个人。你们不如放过我，找他们两个就行了，平均分配起来也简单啊！"

"喂，作为助手，应该奋不顾身地保护主人才对啊！"仙鼠说着张开了冀膜。

平均分配什么的，还是留给你们吧。

问题时间

花生助手说十团鬼火三个人没办法平均分配，两个人才能平均分配。你能用算式把他的话表示出来吗？

解题分析

本题涉及整除除法和有余数的除法。

整除除法中，被除数 ÷ 除数 = 商。

有余数的除法中，被除数 ÷ 除数 = 商……余数。

十团鬼火三个人没办法平均分配用算式表示为：10÷3=3……1（团）

十团鬼火两个人能平均分配用算式表示为：10÷2=5（团）

可令仙鼠先生没想到的是，他刚一扇动翼膜，那些鬼火反而不约而同地向他扑了过去！

仙鼠先生连在空中滑翔的机会都没有了，被鬼火追得抱头鼠窜。

你先让它们停下来才行啊！

就在这千钧一发的时刻，高大的身影忽然大喝一声，加速奔跑起来，把鬼火的注意力引向了自己。

哟嘿！

在蛋糕夫人的惊呼声中，身影忽然停了下来，抖开一口大布袋，一个又一个地把靠拢过来的"鬼火"收到了布袋里！

确定安全后，仙鼠先生才靠过来，和大家一起看向那口大大的布袋。

哇，好厉害，鬼怪全被捉起来了吗？

"不用怕。"那人平静地打开布袋，里面已经空荡荡的，什么也没有了，"自然界中所谓的鬼火，只不过是附近的骨骼腐烂时分解出的磷化氢遇到氧气燃烧起来了而已。因为密度太小，空气的轻微流动就会吸引它们，所以看起来就像追着人跑一样。其实只要把它们装进密封的容器中，缺乏氧气后很快就会熄灭了。"

腐烂的骨骼？

这位先生，很感谢您的帮助！

尊贵的夫人，请叫我杜船长就好了。我的目的地也是那座被诅咒的古堡，就让我们一路同行吧。

杜船长的加入，让花生安心了不少。

但前进的道路却没有那么简单。大家气喘吁吁地爬上山崖，才发现古堡的城墙外还有一条七八米宽的护城河，最诡异的是，护城河上竟然没有桥。

看来胆大的客人不止他们几个，还有一大堆没被鬼火吓跑的家伙也在等着渡河呢。仙鼠一眼望过去，就把这些人的身份分辨得差不多了，那四个不停自拍的朋克青年一定是寻找刺激的探险一族，背着铁锹、铁镐的三兄弟肯定是来寻宝的鼹鼠家族，而剩下的八九位老人家手里都拿着请柬，一定是被邀请参加宝藏开启庆典的客人。

要想通过护城河进入幽灵古堡，必须搭乘小船。小船每次最多坐 3 人，护戒河边一共有 19 位客人，小船最快需要来回几次才能把客人全部送到对岸？

连船夫都没有，我们怎么过河啊？

玫瑰山庄的渡船从来都没有船夫，我们只能自己撑船过护城河。

解题分析

小船每次最多坐 3 个人，但需要一个人把船从对岸划回来，所以前八次每次只能送 2 个人到对岸，最后一次三人一起上岸。一共需要 9 次才能把所有人送到对岸。

渡过护城河后，古堡已经近在咫尺。可古堡内黑漆漆一片，石墙上坑坑洼洼，木门破破烂烂，怎么看都不像有人居住的样子。

蛋糕夫人，您确定宴会的地址是这里吗？

不会有错的！

古堡的大门忽然打开了，一位身穿红色旗袍的美丽女子提着一只白纸灯笼走了出来："我是玫瑰城堡的主人——玫瑰夫人，欢迎大家的光临！"

虽然很漂亮，但这个主人的脸色苍白得有点儿吓人呢！

从里面看，古堡的内部结构就像一只大桶。每层都是一圈环形走廊，走廊一侧是一模一样的房门，密密麻麻围成一圈。虽然每层都有几盏廊灯，可光线远远不够，古堡内部一片昏暗。

抱歉，古堡还在整修，只有这一层的房间布置好了，请各位贵宾稍做休息。

仙鼠先生向周围看了看，环形的走廊内的门全都一模一样，如果不是房门上有号码牌，根本就分不清房间的区别。

我的幸运数字是9，我要选九号房间！

千万不要走错房间哦。因为有的房间很安全，有的房间里……隐藏着古老的诅咒哦！

❓ 问题时间

客人一共有 19 位，每个房间有两张床位，请问最少需要多少个房间才够住？

💡 解题分析

此题注意联系实际，商要加 1 才对哦！19÷2=9……1（人）。9+1=10（间）。

答：最少需要 10 个房间才够住。

整个房间布置得金碧辉煌，豪华大床、羊绒地毯、沙发……浴室里竟然还有按摩浴缸——可惜已经被花生"占领"了。

哇，太豪华啦！简直和五星级酒店的总统套间有一拼，这里的主人一定是个富豪。

这时，杜船长来到了他们的房间。

你怎么连门都不锁？你不觉得这座古堡很古怪吗？

的确很古怪，竟然这么晚了还不开饭。宴会上的美味食物应该很丰盛吧。

咕咕咕

热腾腾的水蒸气弥漫了整个浴室，沾满水雾的镜子上，却显现着几个红色大字：

仙鼠先生转转眼珠，先关上热水管，又打开排风扇。热气全都被抽走后，热腾腾的浴室立刻清爽了好多。

只见镜子上的红字也开始慢慢变淡，逐渐消失不见。

古堡里接连不断传出了惊呼的声音，又有一批客人冲出古堡逃走了，看来不只是花生遇到了诡异的事件。

仙鼠先生从角落里揪出一名逃跑时迷路的朋克青年。

喂，你的伙伴全都逃跑了，你不打算追上去吗？

求求你，别丢下我，我不要一个人！

？问题时间

客人原本有 19 位，刚刚被"幽灵"吓跑的人数，比总人数加上 1 的四分之一还多 2 个，请问一共吓跑了几位客人？

一扇房门飞快地关上了——那是鼹鼠三兄弟的房间。

解题分析

按照题目列出算式，注意计算顺序哦！

$$（19+1）\times \frac{1}{4} +2=7（人）$$

答：一共吓跑了 7 位客人。

晚宴就设在一楼大厅,菜品十分丰富,甜点还是蛋糕夫人亲自制作的呢!

"我们的庆典就要开始了!最后一个留在充满诅咒的城堡中,并找到幽灵徘徊秘密的人,就能获得传说中的半张藏宝图哦!"

仅剩的十几个客人都警惕地望着别人,相互拉开了距离。仙鼠先生似乎完全没有察觉到周围的异常,盘子里都快堆成山了,一副吃起来没够的样子

最后一个留下?原来是一场淘汰赛啊。

杜船长只好装作不认识他们，躲得远远的。他根本没有发现，仙鼠先生趁着抢夺美食的机会，在参加晚宴的所有人身边都走了一遍。

太丢脸了！

墙上时钟的分针迅速转了一圈。

晚餐这么快就结束了吗？我还没吃饱呢！

望着餐厅里越来越少的客人，仙鼠先生离开前还不忘让花生端起他最爱的奶油布丁，整盘拿走了。

❓ 问题时间

　　为了准备宴会，古堡主人一共买来 8 筐苹果，共重 64 千克。一筐梨比一筐苹果重 12 千克，一筐梨重多少千克？

→

💡 解题分析

　　先计算出一筐苹果的质量，再算出一筐梨的质量即可。

$64 \div 8 + 12 = 20$

答：一筐梨重 20 千克。

37

走廊上本就很昏暗的廊灯忽然闪烁了几下，彻底熄灭了。杜船长拿出手机，打开灯光，在前面引路。仙鼠先生借着微弱的光亮找到自己的门牌号，摸索着打开了房门。

啊啊！

手机的光线虽然微弱，但他们还是清晰地看到了室内的景象。腐朽残缺的家具乱七八糟扔了一地，一股潮湿的气息扑面而来。最可怕的是，屋子中央竟然还摆着一口漆黑的棺材！

这哪里是豪华装修的酒店，明明是一间早已废弃的残破鬼屋！

难道有人趁宴会的间隙，布置了房间恶作剧？

杜船长急忙跑回自己的房间查看，果不其然，他的房间也变成了"鬼屋"。

啊！

41

我们……我们还是快离开这里吧！

杜船长自告奋勇带路，在黑暗的古堡里绕了好几圈，才找到了玫瑰夫人。

房间变成了鬼屋？开什么玩笑。

仙鼠先生他们再次回到房间。没曾想，玫瑰夫人一开灯，大床、地毯、沙发、浴室……还是最初那个豪华奢侈的房间，哪有什么破烂棺材的影子！

幽灵的鬼火，浴室的诅咒，还有变幻的鬼屋，都是你为了吓走我们设下的诡计吧？

主人好样的，快揭穿她。

问题时间

城堡里的灯又坏了。城堡里一共有 56 盏备用灯，先给一楼 10 盏，剩下的五层楼每层 7 盏，请问还剩多少盏备用灯？

解题分析

按题目列出算式，注意运算顺序哦！

56-10-5×7=11

答：还剩 11 盏备用灯。

"我们先说路上遇到的鬼火，那些鬼火根本不是骨骼腐烂形成的磷化氢。我的鼻子很灵，这些鬼火一出现，我就闻到了大蒜一样的臭味，那是白磷特有的味道。白磷粉末的燃点和密度都很低，飘浮在空中也会随着空气的动荡流动，所以才会追着人跑！"仙鼠先生解释道。

"至于浴室里的诅咒，那就更简单了。有人用加了二氧化硫的品红事先在镜子上写上字，品红遇到二氧化硫会变得无色，而遇到水蒸气的热度后又会变成红色。所以，当我把水蒸气抽走，温度降低后，红色的字就消失了。"仙鼠紧紧盯着玫瑰夫人问，"我说的对吗？"

玫瑰夫人着急得都结巴了，一步步向后退去。

49

"不要狡辩了，第一次见到你的时候，我就在你身上闻到了大蒜的味道。刚才在餐厅，我到处乱走，就是想在其他人身上寻找相同的气味，结果没有任何发现，所以路上那些鬼火最有可能是你制造的！而浴室里的血字，和燃烧的白磷一样，同样也是化学骗局。"仙鼠先生继续解释道。

51

"对啊，白磷的毒性很大，你在制造鬼火的时候一定会戴着手套吧？如果我没猜错，化验一下，就能从手套上检验出反应后的白磷残余！"说完，仙鼠先生朝花生打了个响指。

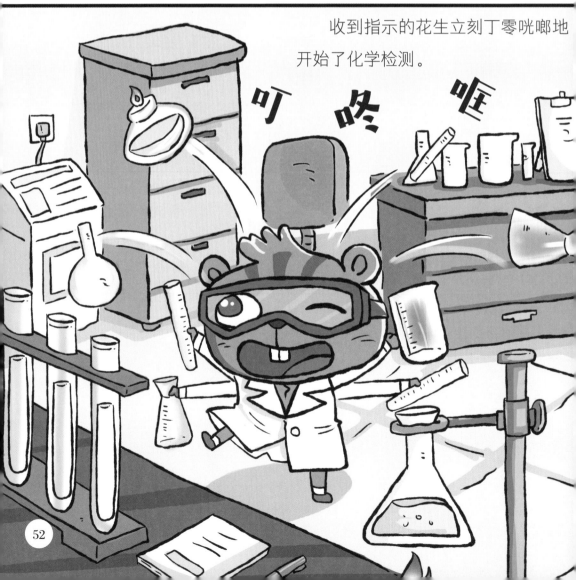

收到指示的花生立刻丁零咣啷地开始了化学检测。

叮 咚 哐

"哎呀呀，看来瞒不住了呢。"杜船长挠了挠头，一点儿也不慌张地继续问，"就算你说的对，鬼火和浴室的诅咒不是幽灵事件，可我们的房间忽然变成鬼屋是真的吧？这又关我什么事呢？"

"嘿嘿，把房间变成鬼屋这件事，还真的吓了我一大跳呢。但我想通之后，发现真相简直简单得可笑。我竟然差点儿被这种拙劣的手段骗了，还真是笨啊。"仙鼠先生差点儿笑出声来，"城堡里所有房间的门窗完全一样，再加上它是一座圆形建筑，在内部很难分清方向。所以，离开餐厅后，你故意破坏了灯光，在你的指引下，我们回到的房间，根本就不是我们现在所处的房间，而是另外几间房。只不过，那几个房间上也被挂上了相同的门牌而已。而现在，不知情的玫瑰夫人又把我们引回了原本的房间。也就是说，房间根本没有发生变化，只不过这两次我们去的不是同一个地点。"

啊？竟然被发现了，我只是一个演员，被人雇来扮演玫瑰夫人，看来我又失败了，呜呜。

"在离开鬼屋之前，我特意在那几间鬼屋的门框上刻上了记号。而我们现在所处的房间门框上却没有记号。如果我没有记错方向，那几个伪装的鬼屋应该就在左边八点钟方向吧？杜船长，我们要不要去验证一下，看看刻有记号的房间是不是和我们见到的鬼屋一样呢？"

哈哈哈，真是太棒了！玫瑰夫人，你的表演很完美，露出破绽的是我啊。

就像变魔术一样，杜船长手中忽然出现一束鲜花，递向了玫瑰夫人。

问题时间

用 5 枝康乃馨、3 枝玫瑰、3 枝水仙能够组成一束花。那么 31 枝康乃馨、17 枝玫瑰、8 枝水仙最多可以扎成几束这样的花束？

解题分析

因为每束花都要有 3 枝水仙，而 $8 \div 3 = 2 \cdots\cdots 2$，水仙的数量只能满足两束花的需要，所以这些花最多能扎两束花。

57

噗！

一股浓烈的白烟忽然涌出……

喂，你想干什么？

不用担心，她只是睡着了。我只是不想让她听到太多城堡的秘密。

这时，一个声音传来："你刚刚经历的一切，其实就是这座城堡 30 年前恐怖事件的重演啊！"

来人正是蛋糕夫人。她轻叹了一声，说道："我的妈妈那时在城堡做女佣，她去世也是因为城堡的诅咒——可我从来不相信诅咒这回事儿！"

"一旦明白不是鬼怪的力量，我们立刻就想到当年的案件是有人在故意破坏。他先用编造的诅咒夺走了属于城主的藏宝图，然后假扮幽灵吓走了城堡的居民，企图独霸城堡的宝藏。但他没想到的是，城主在遇害前把半张藏宝图交给我母亲带出了城堡，他拿到的是残缺的藏宝图！"

62

"真正的凶手是不会被自己用过的手段吓退的，所以凶手一定就是剩下的某个人，他一定会继续隐藏身份，趁机找到宝藏的秘密。"仙鼠先生眨了眨眼说。

第二天晚上，宝藏地图的开启宴会正常举办。

64

除了仙鼠先生他们，只有六个客人留了下来。

其中有两位怀念故土的老人家，希望自己最后的生命能在家乡度过，对前几天发生的怪异事件已经不在意了。

还有鼹鼠三兄弟，他们是探宝专家，对发生的怪异事件嗤之以鼻，毫不相信。

最后一位是可怜巴巴的朋克青年，他被自己的同伴抛弃后，根本不敢自己一个人待着，被仙鼠"寄存"在了两位老人家那里。

　　虽然人数不多，但庆典的流程进行得还是十分仔细。舞会结束后，玫瑰夫人立刻燃放烟花，并推上了由蛋糕夫人亲手制作的华丽蛋糕

　　玫瑰夫人笑眯眯地说："经历了这么多可怕的事情，留下来的都是真正的勇士。今天最重要的礼物来了，描绘着古堡宝藏位置的藏宝图残片就在这个蛋糕之中，让我们期待幸运儿的诞生吧！"

巨大的蛋糕一下子被切成了几十块，鼹鼠三兄弟根本来不及吃，只顾着用铁锹切开所有的蛋糕，但连藏宝图的影子都没看到。

两位老人家似乎对宝藏完全不在意，哄孩子一样把蛋糕喂给了朋克青年。

25 块蛋糕，11 个人分，每个人最多能分几块？最后还剩几块？

25÷11=2…3（块），每人多能分 2 块，最后还剩 3 块。

蛋糕夫人隐蔽在密室中，用望远镜观察着其他人。

鼹鼠三兄弟露出了羡慕的表情，交头接耳地说着什么。

两位老人昏昏欲睡。

朋克青年依然胆怯地站在人群中，形单影只落单。

庆典很快就结束了，大家都回到了各自的房间休息，仙鼠先生也不例外。忙碌了一天的他，很快就传出了打雷一样的呼噜声。

呼噜噜

忽然，一个蒙面黑影悄悄来到仙鼠的门前，掏出一根铁丝，三两下就打开了他的房门。

黑影来到床前，从怀里拿出一个罐子，猛地朝着睡在床上的人喷去！

嘿嘿，我终于等到你了！

你是谁……怎么没有晕倒？

嘿嘿，你难道不知道我们棕果蝠喜欢倒挂着睡觉吗？

随着一声口哨，灯光亮了起来。蒙面人这才看到床上睡的竟然是花生，他已经被喷得口吐白沫晕过去了。

可恶！把藏宝图交给我！

蒙面人跳起来想抓到仙鼠先生，可仙鼠先生却双翼一展，滑翔出了房门。

杜船长一把抓住蒙面人，揪下了他的面罩。竟然是朋克青年！

怎么可能？他才多大年纪？怎么可能和 30 年前的案件有关？

可杜船长却从他身上找到了另一半藏宝图！

还想让我找到那些所谓的同伴，让他们站出来指证根本不认识你吗？你根本不是被抛弃了，而是故意留下来的！

幽灵古堡 30 年的怪案终于被仙鼠先生侦破了！

证据确凿！嫌疑人终于不再狡辩了，在杜船长的审讯下，他很快就供述了所有的真相。

原来，30 年前制造了古堡迷案的真凶就是他已经去世的祖父。临终时，祖父还嘱咐他一定要继续寻找玫瑰城堡的宝藏，因为他亲耳听到城堡的主人说过，玫瑰城堡的宝藏是独一无二的，任何宝物都不可比拟！

无可比拟的宝藏？请问约定还有效吗？最终能够留下并找到幽灵真相的人可以得到宝藏！

当然有效。

杜船长和蛋糕夫人相视一笑，把缴获的另一半地图也交给了仙鼠先生。他们破解了心中 30 年的谜团后，已经完全不在意宝藏了。

仙鼠先生已经做好成为十角城最大富豪的心理准备了。

十天之后，宝藏的大门终于开启了。仙鼠先生推开花生，第一个跳了起来，期待着被涌出的黄金珠宝压得爬不起来，可眼前看到的一幕却让他傻眼了！

啊？这……这都是什么啊？

没错，所谓的古堡宝藏，竟然是一座隐藏在地下的图书馆。30年前被害的老年城主认为，知识才是最大的财富，所以把他的珍宝全部换成了承载着知识的书籍。不但凶手没有想到，就连仙鼠先生也没有想到，他利用宝藏偿还债务的梦想再次破灭了！

问题时间 记录着十角城所有知识的书籍一共有2300本。仙鼠先生先分给蛋糕夫人500本，剩下的平均分给十角城的5座图书馆。请问每座图书馆最多能分几本，还剩下几本？

解题分析

按照题目要求列出算式，要注意运算顺序哦！

(2300-500)÷5=360

答：每座图书馆能分360本，正好分完。